枸杞种质资源描述规范和数据标准

石志刚　杜慧莹　门惠芹　主编

中国林业出版社

图书在版编目(CIP)数据

枸杞种质资源描述规范和数据标准/石志刚,杜慧莹,门惠芹主编. —北京:中国林业出版社,2012.9

ISBN 978 - 7 - 5038 - 6739 - 2

Ⅰ. ①枸… Ⅱ. ①石… ②杜… ③门… Ⅲ. ①枸杞 – 种质资源 – 描写 – 规范②枸杞 – 种质资源 – 数据 – 标准 Ⅳ. ①S567. 1 – 65

中国版本图书馆 CIP 数据核字(2012)第 214742 号

出版:中国林业出版社(100009 北京西城区刘海胡同 7 号)

E-mail:pubbooks@126. com **电话:**010 – 83283569

发行:新华书店北京发行所

印刷:北京中科印刷有限公司

版次:2012 年 9 月第 1 版第 1 次

开本:880mm × 1230mm 1/32

印张:2.5

字数:58 千字

定价:9. 00 元

《枸杞种质资源描述规范和数据标准》
编写委员会

主　编：石志刚　　杜慧莹　　门惠芹

副主编：曹有龙　　安　巍　　巫鹏举

执笔人：石志刚　　杜慧莹　　门惠芹　　巫鹏举　　赵建华

　　　　曹有龙　　安　巍　　李云翔　　王亚军　　张曦燕

　　　　罗　青　　焦恩宁　　秦　垦　　郭文林　　何　军

审稿人：江用文　　向长萍　　李锡香　　李润淮　　李明军

　　　　张得纯　　张宝海　　祝　旅　　戚春章　　熊兴平

前　言

枸杞在植物分类系统属于茄科（Solanaceae）、茄族（Solaneae Reichb.）、枸杞亚族（Lyciinae Wettst）枸杞属（*Lycium* L.），染色体数 $2n = 2x = 24$。枸杞为多年生灌木或丛生灌木，枸杞棘如枸之刺，茎如杞之条，兼用二名谓之"枸杞"，别名"华杞子、枸芽子、天精草"，为我国特有蔬菜，历代医书均对其"益精明目，滋肝补肾，强筋健骨，延年益寿"的功效有详尽记述，现代临床医学验证了枸杞确实具有抗氧化、抗肿瘤、软化血管、降脂、降糖、生精、保肝、明目、增强人体免疫力的疗效，可明显地起到抗疲劳和延缓衰老的作用。

该属是一个经济意义较大的类群，约 80 种，是一个世界分布属，多数种分布在南北美洲，以南美洲的种类最为丰富，南美洲 30 种，北美洲的西南部 21 种，南非 17 种，欧亚大陆约 10 余种。中国为枸杞的主要分布中心，境内野生自然分布有 7 种 3 变种。迄今为止，尽管枸杞属植物遍布全世界，但唯有宁夏枸杞（*Lycium barbarum* L.）进行大规模栽培，为中国所独有，利用历史已逾两千年。据有关资料记载，该种于 1740~1743 年间从中国引入法国，之后陆续引种至地中海沿岸和俄罗斯等国家。

对于在中国分布的枸杞属植物的分类，中国科学院植物研究所将枸杞属分为 7 种 3 变种：即枸杞（*Lycium chinense* Mill.），其变种为北方枸杞 [*Lycium chinense* var. *potaninii*（Pojark.）A. M. Lu]；云南枸杞（*Lycium yunnanense* Kuang et A. M. Lu）；截萼枸杞（*Lycium trancatum* R. C. Wang）；黑果枸杞（*Lycium ruthenicum* Murr.）；新疆枸杞（*Lycium dasystemum* Pojark.)，其变种为红枝枸杞（*Lycium dasystemum* var. *rubricaulium* A. M. Lu）；柱筒枸杞（*Lycium cylindricum* Kuang et A. M. Lu）；宁夏枸杞（*Lycium barbarum* L. ），其变种为黄果枸杞（var. *auranticarpum* K. F. Ching）。

近几年来，全国枸杞种植面积迅速增加，截至 2011 年 12 月底，全国种植面积已达 170 万亩，年产鲜菜 7 万吨，年产枸杞干果 15 万吨，由于近年脱水方便菜市场看好，栽种面积正逐年扩大，初步形成了以种植业为基础的产业链。由于其耐寒、耐旱、耐盐碱，又较耐湿，对栽培环境有较强的适应性，所以南北各地、平原山区均有种植，尤以西北和华南栽种面积大，已成为两地人民大众喜食的特色菜蔬之一。

广泛的资源收集对枸杞种质资源的利用尤为重要。目前，中国已收集、保存了中国枸杞属 7 种 3 变种 2000 余份枸杞种质材料，保存在宁夏农林科学院枸杞种质资源圃。

规范标准是国家自然科技资源共享平台建设的基础，枸杞种质资源描述规范和数据标准的制定是国家农作物种质资源平台建设的重要内容。制定统一的枸杞种质资源规范标准，有利于整合全国枸杞种质资源，规范枸杞种质资源的收集、整理和保存等基础性工作，创造良好的资源和信息共享环境和条件；有利于保护和利用枸杞种质资源，充分挖掘其潜在的经济、社会和生态价值，促进全国枸杞种质资源研究的有序和高效发展。

枸杞种质资源描述规范规定了枸杞种质资源的描述符及其分级标准，以便对枸杞种质资源进行标准化整理和数字化表达。枸杞种质资源数据标准规定了枸杞种质资源各描述符的字段名称、类型、长度、小数位、代码等，以便建立统一的、规范的枸杞种质资源数据库。枸杞种质资源数据质量控制规范规定了枸杞种质资源数据采集全过程中的质量控制内容和质量控制方法，以保证数据的系统性、可比性和可靠性。

　　《枸杞种质资源描述规范和数据标准》由宁夏农林科学院国家枸杞工程技术研究中心主持编写，并得到了中国农业科学院蔬菜花卉研究所和全国枸杞科研、教学和生产单位的大力支持，项目内容获得国家科技基础条件平台建设项目（2006DKA21002-33-2）"多年生蔬菜资源标准化整理、整合与共享试点"子课题"枸杞种质资源描述规范和数据标准的制定和种质资源整理"和国家科技支撑计划项目"枸杞优良品种选育及规范化种植技术研究与示范（2009BAI72B01）"和国家自然基金"宁夏枸杞种质资源遗传多样性及主要种间亲缘关系研究（31040087）"等项目的资助。在编写过程中，参考了国内外相关文献。由于篇幅所限，书中仅列主要参考文献，在此一并致谢。同时由于编著者水平有限，错误和疏漏之处在所难免，恳请读者批评指正。

编　者

目　　录

一、枸杞种质资源描述规范和数据标准制定的原则和方法

1 枸杞种质资源描述规范制定的原则和方法

1.1 原则

1.1.1 优先采用现有数据库中的描述符和描述标准。

1.1.2 以种质资源研究和育种需求为主，兼顾生产与市场需要。

1.1.3 立足中国现有基础，考虑将来发展，尽量与国际接轨。

1.2 方法和要求

1.2.1 描述符类别分为6类。

　　① 基本信息

　　② 形态特征和生物学特性

　　③ 品质特性

　　④ 抗逆性

　　⑤ 抗病虫性

　　⑥ 其他特征特性

1.2.2 描述符代号由描述符类别加三位顺序号组成，如"110"、"208"、"501"等。

1.2.3 描述符性质分为3类。

　　M　必选描述符（所有种质必须鉴定评价的描述符）

　　O　可选描述符（可选择鉴定评价的描述符）

　　C　条件描述符（只对特定种质进行鉴定评价的描述符）

1.2.4 描述符的代码应是有序的，如数量性状从细到粗、从低到

高、从小到大、从少到多排列，颜色从浅到深，抗性从强到弱等。

1.2.5　每个描述符应有一个基本的定义或说明，数量性状应标明单位，质量性状应有评价标准和等级划分。

1.2.6　植物学形态描述符应附模式图。

1.2.7　重要数量性状以数值表示。

2　枸杞种质资源数据标准制定的原则和方法

2.1　原则

2.1.1　数据标准中的描述符应与描述规范相一致。

2.1.2　数据标准应优先考虑现有数据库中的数据标准。

2.2　方法和要求

2.2.1　数据标准中的代号应与描述规范中的代号一致。

2.2.2　字段名最长 12 位。

2.2.3　字段类型分字符型（C）、数值型（N）和日期型（D）。日期型的格式为 YYYYMMDD。

2.2.4　经度的类型为 N，格式为 DDDFF；纬度的类型为 N，格式为 DDFF，其中 D 为度，F 为分；东经以正数表示，西经以负数表示；北纬以正数表示，南纬以负数表示。如"12136"，"3921"。

3　枸杞种质资源数据质量控制规范制定的原则和方法

3.1　采集的数据应具有系统性、可比性和可靠性。

3.2　数据质量控制以过程控制为主，兼顾结果控制。

3.3　数据质量控制方法应具有可操作性。

3.4　鉴定评价方法以现行国家标准和行业标准为首选依据；如无国家标准和行业标准，则以国际标准或国内比较公认的先进方法为依据。

3.5　每个描述符的质量控制应包括田间设计，样本数或群体大小，时间或时期，取样数和取样方法，计量单位、精度和允许误差，采用的鉴定评价规范和标准，采用的仪器设备，性状的观测和等级划分方法，数据校验和数据分析。

二、枸杞种质资源描述简表

序号	代号	描述符	描述符性质	单位或代码
1	101	全国统一编号	M	
2	102	种质圃编号	M	
3	103	种质库编号	O	
4	104	引种号	C/国外种质	
5	105	采集号	C/野生资源和地方品种	
6	106	种质名称	M	
7	107	种质外文名	M	
8	108	科名	M	
9	109	属名	M	
10	110	学名	M	
11	111	原产国	M	
12	112	原产省	M	
13	113	原产地	M	
14	114	海拔	C/野生资源和地方品种	m
15	115	经度	C/野生资源和地方品种	
16	116	纬度	C/野生资源和地方品种	
17	117	来源地	M	
18	118	保存单位	M	
19	119	保存单位编号	M	
20	120	系谱	C/选育品种或品系	

（续）

序号	代号	描述符	描述符性质	单位或代码
21	121	选育单位	C/选育品种或品系	
22	122	育成年份	C/选育品种或品系	
23	123	选育方法	C/选育品种或品系	
24	124	种质类型	M	1：野生资源 2：地方品种 3：选育品种 4：品系 5：遗传材料 6：其他
25	125	图像	O	
26	126	观测地点	M	
27	201	株型	M	1：直立 2：半直立 3：丛生 4：匍匐
28	202	株高	M	cm
29	203	生长势	O	1：弱 2：中 3：强
30	204	株幅	M	cm
31	205	冠层高	C/果用枸杞	cm
32	206	主干色	M	1：灰褐 2：棕褐 3：褐
33	207	主干粗	M	cm
34	208	棘刺	M	个/ cm
35	209	刺色	M	1：灰白 2：黄褐 3：棕褐
36	210	刺长短	M	cm
37	211	刺硬度	M	1：软 2：较硬 3：硬
38	212	一年生枝色	O	1：灰白 2：黄褐 3：棕褐
39	213	节间长度	M	cm
40	214	新梢生长速率	M	cm/d
41	215	枝条刚性	M	1：极软 2：软 3：中 4：硬 5：极硬
42	216	成枝力	M	1：极弱 2：弱 3：中等 4：强 5：极强
43	217	一年生果枝率	O	%
44	218	多年生果枝率	O	%
45	219	叶形	O	1：条状 2：窄披针形 3：宽披针形 4：椭圆披针形 5：卵圆形

（续）

序号	代号	描述符	描述符性质	单位或代码
46	220	叶着生方式	M	1：对生　2：互生
47	221	叶面状	O	1：正卷　2：反卷　3：平展
48	222	叶光泽	M	1：无　　　2：有
49	223	叶尖形状	O	1：急尖　　　2：渐尖　　　3：钝圆
50	224	叶色	O	1：黄绿　　　2：绿色　　　3：深绿
51	225	叶长	O	cm
52	226	叶宽	O	cm
53	227	叶厚	O	mm
54	228	叶柄长	O	cm
55	229	茎尖叶节密度	O	个
56	230	嫩茎尖粗	C/叶用枸杞	cm
57	231	嫩茎产量	C/叶用枸杞	kg/hm^2
58	232	花冠颜色	O	1：白色　　2：堇色　　3：紫色
59	233	花冠形状	O	1：筒状　　2：漏斗状
60	234	花着生方式	M	1：单生　　2：簇生
61	235	花径	M	cm
62	236	花冠筒长	M	cm
63	237	果形	M	1：球形　　2：卵圆形　　3：长矩圆形
64	238	果实颜色	M	1：黄色　　2：红色　　3：黑色
65	239	果实纵径	M	cm
66	240	果实横径	M	cm
67	241	果肉厚	M	cm
68	242	果柄长	O	cm
69	243	单果质量	M	mg

（续）

序号	代号	描述符	描述符性质	单位或代码
70	244	单株果实产量	C/果用枸杞	kg
71	245	果熟一致性	C/果用枸杞	1：不一致　　2：较一致　　3：一致
72	246	座果间距	M	cm
73	247	第一座果距	M	cm
74	248	落花落果率	M	%
75	249	自交座果率	O	%
76	250	芽眼座果数	M	个
77	251	制干难易	C/果用枸杞	1：易　　2：较难　　3：难
78	252	干鲜比	M	
79	253	种子千粒重	O	g
80	254	种子形状	O	1：肾形　　2：圆　　3：卵圆
81	255	种皮色泽	O	1：黄　　2：淡黄　　3：褐黄
82	256	单果种子数	M	粒/果
83	257	种子饱秕率	M	%
84	258	繁殖方法	C	1：实生　2：扦插　3：组培
85	259	播种期	C/种子繁殖	
86	260	定植期	C/扦插或分株繁殖	
87	261	萌芽期	M	
88	262	展叶期	O	
89	263	现蕾期	M	
90	264	始花期	M	
91	265	盛花期	M	
92	266	青果期	O	

（续）

序号	代号	描述符	描述符性质	单位或代码
93	267	果实色变期	O	
94	268	果实始收期	M	
95	269	夏果成熟期	M	
96	270	秋蕾开花期	M	
97	271	末花期	O	
98	272	秋果成熟期	M	
99	273	果实末收期	O	
100	301	嫩茎叶风味	C/叶用枸杞	1：微甜　2：微苦　3：苦
101	302	鲜果风味	O	1：微甜　2：甜　3：微苦
102	303	干果色泽	O	1：黄色　2：鲜红　3：紫红色 4：暗红　5：黑色
103	304	总糖含量	M	g/100g
104	305	枸杞多糖含量	M	g/100g
105	306	蛋白质	O	g/100g
106	307	维生素 C 含量	O	mg/100g
107	308	灰分含量	O	g/100g
108	309	果实耐贮藏性	O	1：强　2：中　3：弱
109	501	枸杞黑果病抗性	O	1：抗　2：中抗　3：感病
110	601	用途	O	1：药用 2：加工 3：叶用　4：兼用
111	602	食用部位	O	1：茎尖 2：果实 3：兼用
112	603	核型	O	
113	604	同工酶	O	
114	605	分子指纹图谱	O	
115	606	备注	O	

三、枸杞种质资源描述规范

1 范围

本规范规定了枸杞种质资源的描述符及其分级标准。

本规范适用于枸杞种质资源的收集、整理和保存，数据标准和数据质量控制规范的制定，以及数据库和信息共享网络系统的建立。

2 规范性引用文件

下列文件中的条款通过本规范的引用而成为本规范的条款。凡是注日期的引用文件，其随后所有的修改单（不包括勘误的内容）或修订版均不适用于本规范，然而，鼓励根据本规范达成协议的各方研究是否可使用这些文件的最新版本。凡是不注日期的引用文件，其最新版本适用于本规范。

ISO 3166 Codes for the Representation of Names of Countries

GB/T 2659 世界各国和地区名称代码

GB/T 2260 全国县及县以上行政区划代码表

GB/T 12404 单位隶属关系代码

GB/T18672 – 2002 枸杞子

GB/T5009.5 – 2003 食品中蛋白质的测定

GB/T5009.4 – 2003 食品中灰分的测定

GB/T5009.86 – 2003 蔬菜、水果及其制品中总抗坏血酸的测定

GB/T12295 – 1990 水果、蔬菜制品可溶性固形物含量的测定 – 折射仪法

GB/T12291 – 1990 水果、蔬菜汁类胡萝卜全量的测定

3　术语和定义

3.1　枸杞

茄科(Solanaceae)茄族(Solaneae Reichb)枸杞亚族(Lyciinae Wettst)枸杞属(*Lycium* Linn)，多年生木本植物，染色体数 $2n = 2x = 24$。是药食两用特种经济植物资源。

3.2　枸杞种质资源

枸杞野生资源、地方品种、选育品种、品系、遗传材料等。

3.3　基本信息

枸杞种质资源基本情况描述信息，包括全国统一编号、种质名称、学名、原产地、种质类型等。

3.4　形态特征和生物学特性

枸杞种质资源的生长发育期、植物学形态、产量性状等特征特性。

3.5　品质性状

枸杞种质产品器官的商品品质、感官品质、营养品质性状。商品品质性状主要包括果实耐贮藏性；感官品质性状包括果实色泽、嫩茎叶风味和鲜果风味等；营养品质性状包括枸杞总糖含量、枸杞多糖含量、蛋白质含量、维生素 C 含量和灰分含量。

3.6　抗逆性

枸杞种质资源对各种非生物胁迫的适应或抵抗能力，包括耐寒性、耐热性、耐旱性、耐涝性等。

3.7　抗病虫性

枸杞种质资源对各种生物胁迫的适应或抵抗能力，包括枸杞黑果病、枸杞根腐病、枸杞蚜虫、枸杞红瘿蚊、枸杞瘿螨、枸杞木虱、枸杞负泥虫等。

4 基本信息

4.1 全国统一编号

种质的惟一标识号，枸杞种质资源的全国统一编号由"V12L"加4位顺序号组成。例如：V12L0001。

4.2 种质圃编号

枸杞种质在国家枸杞种质资源圃的编号，由方位英文标志码加该种质在圃中行株号组成，例如：W1－1。

4.3 种质库编号

枸杞种质在国家农作物种质资源长期库中的编号，由"V12L"加4位顺序号组成。

4.4 引种号

枸杞种质从国外引入时赋予的编号。

4.5 采集号

枸杞种质在野外采集时赋予的编号。

4.6 种质名称

枸杞种质的中文名称。

4.7 种质外文名

国外引进种质的外文名或国内种质的汉语拼音名。

4.8 科名

茄科（Solanaceae）。

4.9 属名

枸杞属（*Lycium* L.）。

4.10 学名

学名有：中国枸杞（*Lycium chinense* Mill.）等。

4.11 原产国

枸杞种质原产国家名称、地区名称或国际组织名称。

4.12　原产省

国内枸杞种质原产省份名称；国外引进种质原产国家一级行政区的名称。

4.13　原产地

国内枸杞种质的原产县、乡、村名称。

4.14　海拔

枸杞种质原产地的海拔高度，单位为 m。

4.15　经度

枸杞种质原产地的经度，单位为度和分。格式为 DDDFF，其中 DDD 为度，FF 为分。

4.16　纬度

枸杞种质原产地的纬度，单位为度和分。格式为 DDFF，其中 DD 为度，FF 为分。

4.17　来源地

国外引进枸杞种质的来源国家名称、地区名称或国际组织名称；国内种质的来源省、县名称。

4.18　保存单位

枸杞种质资源的保存单位名称。

4.19　保存单位编号

枸杞种质在保存单位赋予的种质编号。

4.20　系谱

枸杞选育品种(系)的亲缘关系。

4.21　选育单位

选育枸杞品种(系)的单位名称或个人。

4.22　育成年份

枸杞品种(系)培育成功的年份。

4.23 选育方法

枸杞品种(系)的育种方法。

4.24 种质类型

枸杞种质类型分为6类。

① 野生资源

② 地方品种

③ 选育品种

④ 品系

⑤ 遗传材料

⑥ 其他

4.25 图像

枸杞种质的图像文件名。图像格式为 .jpg。

4.26 观测地点

枸杞种质形态特征和生物学特性观测地点的名称。

5 形态特征和生物学特性

5.1 株型

依据枸杞成株茎的生长特性,结合枸杞植株高度和枝条的生长方向表现出的姿态,以及主枝与地面夹角,植株分为以下四类。

① 直立

② 半直立

③ 丛生

④ 匍匐

5.2 株高

在枸杞成龄期(4~5年),植株在自然状态下,其最高点至地面的垂直距离。单位 cm。

5.3　生长势

在自然状态下枸杞植株生长所表现出的生长强弱程度。

　　① 弱

　　② 中

　　③ 强

5.4　株幅

在枸杞成龄期(4~5年)，植株在自然状态下，其叶幕垂直投影的最大直径。单位为 cm。

5.5　冠层高

在果用枸杞成龄期(4~5年)，植株在自然状态下，树冠下层与上层的垂直距离。单位为 cm。

5.6　主干色

枸杞植株主干表皮的颜色。

　　① 灰褐

　　② 棕褐

　　③ 褐

5.7　主干粗

在枸杞成龄期(4~5年)，植株在自然状态下，枸杞植株灌丛中最粗主干的直径，单位为 cm。

5.8　棘刺

枸杞植株二年生枝上着生的刺，单位长度上的个数，单位为个/cm。

5.9　刺色

枸杞植株棘刺的颜色。

　　① 灰白

　　② 黄褐

　　③ 棕褐

5.10 刺长短

枸杞植株二年生枝上着生的最长棘刺的长度，单位 cm。

5.11 刺硬度

枸杞植株棘刺软硬程度。

　　① 软

　　② 较硬

　　③ 硬

5.12 一年生枝色

枸杞树一年生枝表皮的颜色。

　　① 灰白

　　② 黄褐

　　③ 棕褐

5.13 节间长度

枸杞植株一年生结果枝中部节与节之间的平均长度。单位为 cm。

5.14 新梢生长速率

枸杞春梢和秋梢在新梢生长期调和平均生长速率，用 cm/d 表示。

5.15 枝条刚性

枸杞植株一年生枝条在受一定外力作用下的刚性。

　　① 极软

　　② 软

　　③ 中

　　④ 硬

　　⑤ 极硬

5.16 成枝力

枸杞植株二年生枝条剪口下形成枝条的能力。

　① 极弱

　② 弱

　③ 中等

　④ 强

　⑤ 极强

5.17　一年生果枝率

枸杞植株中一年生果枝占总果枝的百分数。单位为%。

5.18　多年生果枝率

枸杞植株中一年生以上果枝占总果枝的百分数。单位为%。

5.19　叶形

果实成熟期,植株发育完全的叶片表现出的形态和特征(图1)。

　① 条状

　② 窄披针形

　③ 宽披针形

　④ 椭圆披针形

　⑤ 卵圆形

条状　窄披针形　宽披针形　椭圆披针形　卵圆形

图 1

5.20　叶着生方式

果实成熟期,植株发育完全的叶片在枝条上的排列方式。

　① 对生

　② 互生

5.21　叶面状

　　果实成熟期，植株发育完全的叶片的卷曲方向和程度。

　　　①　正卷

　　　②　反卷

　　　③　平展

5.22　叶光泽

　　果实成熟期，植株发育完全的叶片正面有无光泽。

　　　①　无

　　　②　有

5.23　叶尖形状

　　果实成熟期，植株发育完全的叶片尖端表现出的形态和特征（图2）。

　　　①　急尖

　　　②　渐尖

　　　③　钝圆

急尖　　　渐尖　　　　钝圆

图2

5.24　叶色

　　果实成熟期，植株发育完全的叶片正面的颜色

　　　①　黄绿

　　　②　绿色

　　　③　深绿

5.25　叶长

　　果实成熟期，植株发育完全的最大叶片的叶基至叶尖的最大距离（图3）。单位 cm。

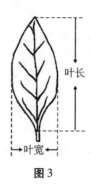

图 3

5.26　叶宽

果实成熟期，植株发育完全的最大叶片的宽度（图3）。单位 cm。

5.27　叶厚

果实成熟期，植株发育完全的最大叶片的中部厚度。单位 cm。

5.28　叶柄长

果实成熟期，植株发育完全的最大叶片的叶柄长度（图4）。单位 cm。

图 4

5.29　茎尖叶节密度

植株嫩茎端部5cm长度内的叶节数量。单位个。

5.30　嫩茎尖粗

叶用枸杞采摘时，植物嫩茎距端部5cm处的最大直径。单位为 cm。

5.31　嫩茎产量

叶用枸杞采摘时，单位面积上嫩茎的质量，单位为 kg/hm^2

5.32　花冠颜色

枸杞花朵盛开时呈现的颜色。

① 白色

② 堇色

③ 紫色

5.33　花冠形状

在盛花期观察枸杞花冠的形状(图5)。

① 筒状

② 漏斗状

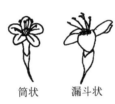

筒状　　　漏斗状

图5

5.34　花着生方式

现蕾开花期，植株花朵在枝条上的排列方式

① 单生

② 簇生

5.35　花径

枸杞花朵盛开时花冠的最大直径(图6)。单位为 cm。

图6

5.36　花冠筒长

枸杞花朵盛开时花冠筒的长度(图7)。单位为 cm。

花冠筒长

图 7

5.37　果形

枸杞果实成熟时期(果实完全成熟，呈现出该品种应有的底色，有色品种着色面积应占到着色面积的3/4以上。)的形态特征(图8)。

　　① 球形

　　② 卵圆形

　　③ 长矩圆形

球形　　　　　　卵圆形　　　　　　长矩圆形

图 8

5.38　果实颜色

果实成熟期，枸杞完全成熟的果实呈现出的颜色。

　　① 黄色

　　② 红色

　　③ 黑色

5.39　果实纵径

果实成熟期，枸杞完全成熟的果实从顶部至底部的最大直线距离(图9)。单位为 cm。

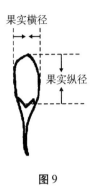

图9

5.40　果实横径

果实成熟期，枸杞完全成熟的果实最大宽度（图9）。单位为 cm。

5.41　果肉厚

果实成熟期，枸杞完全成熟的果实从表层到种子腔壁的距离。单位为 cm。

5.42　果柄长

果实成熟期，枸杞完全成熟的果实果柄的长度（图10）。单位为 cm。

图10

5.43　单果质量

果实成熟期，枸杞完全成熟的果实的单个果实质量。单位为 mg。

5.44　果株果实产量

果实成熟期，果用枸杞单株果实的全年总产量。单位为 kg。

5.45　果熟一致性

枸杞果实从青果膨大到青果转红的一致性。

　　① 不一致

　　② 较一致

　　③ 一致

5.46　座果间距

枸杞植株一年生结果枝中部座果节与座果节之间的平均长度。单位为 cm。

5.47　第一座果距

枸杞植株一年生结果枝基部到第一个座果节的长度。单位为 cm。

5.48　落花落果率

枸杞植株从开花初到最后一批果实成熟期间，落蕾和落花数占总花蕾的百分率，单位为%。

5.49　自交座果率

枸杞自花授粉条件下的座果率，单位为%。

5.50　芽眼座果数

在结果盛期，单位芽眼上的座果数。单位为个。

5.51　制干难易

枸杞果实采后制干的难易程度。

　　① 易

　　② 较难

　　③ 难

5.52　干鲜比

枸杞果实制干后干果与鲜果质量的比值。

5.53　种子千粒重

1000 粒含水量在 8% 的枸杞种子的质量数。单位为 g。

5.54 种子形状

发育完全的枸杞种子的形状特征。

① 肾形

② 圆

③ 卵圆

5.55 种皮色泽

枸杞种子表皮呈现出的颜色。

① 黄

② 淡黄

③ 褐黄

5.56 单果种子数

枸杞植株单个果实的种子数。单位为粒/果。

5.57 种子饱秕率

枸杞果实中饱种子占总种子的百分率，单位为%。

5.58 繁殖方法

繁殖枸杞植株的方法。

① 实生

② 扦插

③ 组培

5.59 播种期

种子育苗时，播种的时间，以"年月日"表示，格式为"YYYYM-MDD"。

5.60 定植期

育苗移栽时，定植幼苗的日期。直播时，在备注栏内记载"直播"，以"年月日"表示，格式为"YYYYMMDD"。

5.61 萌芽期

枸杞植株全树有20%枝条芽鳞片展开，吐出绿色嫩芽的时间，以"年月日"表示，格式为"YYYYMMDD"。

5.62　展叶期

枸杞植株全树有20%幼芽的芽苞有5个幼叶分离的时间，以"年月日"表示，格式为"YYYYMMDD"。

5.63　现蕾期

枸杞植株全树有20%夏蕾的出现时间，以"年月日"表示，格式为"YYYYMMDD"。

5.64　始花期

枸杞植株全树有5%花蕾开花的时间，以"年月日"表示，格式为"YYYYMMDD"。

5.65　盛花期

枸杞植株全树有50%以上花蕾开花的时间，以"年月日"表示，格式为"YYYYMMDD"。

5.66　青果期

枸杞植株全树有50%以上子房膨大呈绿色幼果的时间，以"年月日"表示，格式为"YYYYMMDD"。

5.67　果实色变期

枸杞植株全树有50%以上的青果由绿变黄（如黄果）、由绿变红（如宁夏枸杞）、由绿变紫（如黑果）的时间，以"年月日"表示，格式为"YYYYMMDD"。

5.68　果实始收期

枸杞植株全树有5%以上夏果完全成熟的时间，以"年月日"表示，格式为"YYYYMMDD"。

5.69　夏果成熟期

枸杞植株全树有50%以上夏果完全成熟的时间，以"年月日"表示，格式为"YYYYMMDD"。

5.70　秋蕾开花期

枸杞植株全树有 20% 以上的出现秋蕾的时间，以"年月日"表示，格式为"YYYYMMDD"。

5.71　末花期

枸杞植株全树有 80% 以上花蕾凋谢的时间，以"年月日"表示，格式为"YYYYMMDD"。

5.72　秋果成熟期

枸杞植株全树有 50% 以上的秋果成熟的时间，以"年月日"表示，格式为"YYYYMMDD"。

5.73　果实末收期

枸杞植株全树有 90% 以上的秋果采收结束的时间，以"年月日"表示，格式为"YYYY MMDD"。

6　品质特性

6.1　嫩茎叶风味

叶用枸杞食用时口感的酸甜味道。

　　① 微甜

　　② 微苦

　　③ 苦

6.2　鲜果风味

鲜果枸杞食用时口感的酸甜味道。

　　① 微甜

　　② 甜

　　③ 微苦

6.3　干果色泽

枸杞果实采后制干呈现出的颜色。

　　① 黄色

② 鲜红

③ 紫红

④ 暗红

⑤ 黑色

6.4　总糖含量

单位质量数枸杞干果中所含总糖的多少，单位为 g/100g。

6.5　枸杞多糖含量

单位质量数枸杞干果中所含枸杞多糖的多少，单位为 g/100g。

6.6　蛋白质含量

单位质量数枸杞干果中所含蛋白质的多少，单位为 g/100g。

6.7　维生素 C 含量

单位质量数枸杞干果中所含维生素 C 含量的多少，以 mg/100g 表示。

6.8　灰分含量

单位质量数枸杞干果中所含灰分的多少，单位为 g/100g。

6.9　果实耐贮藏性

枸杞果实采后在一定贮藏条件下和一定期限内，其食用品质基本保持不变的特性。

① 强

② 中

③ 弱

7　抗病虫抗性

7.1　枸杞黑果病抗性

枸杞种质对枸杞黑果病的抗性强弱。

① 抗

② 中抗

③ 感病

8 其它特征特性

8.1 用途

　　① 药用

　　② 加工

　　③ 叶用

　　④ 兼用

8.2 食用部位

　　① 茎尖

　　② 果实

　　③ 兼用

8.3 核型

表示染色体的数目、大小、形态和结构特征的公式。

8.4 同工酶

枸杞种质同工酶图谱及其特征参数。

8.5 分子指纹图谱

枸杞种质指纹图谱和重要性状的分子标记类型及其特征参数。

8.6 备注

枸杞种质特殊描述符或特殊代码的具体说明。

四、枸杞种质资源数据标准

序号	代号	描述符	字段名	英文字段名	字段类型	字段长度	字段小数位	单位	代码	代码英文名	例子
1	101	全国统一编号	统一编号	accession number	C	6					V12L0001
2	102	种质圃编号	圃编号	field genebank number	C	8					W25–11
3	103	种质库编号	库编号	storeroom number	C	8					V12L0001
4	104	引种号	引种号	introduction number	C	8					
5	105	采集号	采集号	collecting number	C	10					
6	106	种质名称	种质名称	Chinese name	C	30					
7	107	种质外文名	种质外文名	alien name	C	40					
8	108	科名	科名	family	C	20					Solanaceae
9	109	属名	属名	genus	C	20					Lycium L.
10	110	学名	学名	species	C	60					L. barbarum Linn.
11	111	原产国	原产国	country of origin	C	16					中国
12	112	原产省	原产省	province of origin	C	6					宁夏
13	113	原产地	原产地	origin	C	20					中宁
14	114	海拔	海拔	altitude	N	5	0	m			
15	115	经度	经度	longitude	N	6					

（续）

序号	代号	描述符	字段名	英文字段名	字段类型	字段长度	字段小数位	单位	代码	代码英文名	例子
16	116	纬度	纬度	latitude	N	5					
17	117	来源地	来源地	collecting site	C	24					银川
18	118	保存单位	保存单位	holding institutions	C	40					宁夏枸杞工程技术研究中心
19	119	保存单位编号	保存单位编号	institute code	C	10					NXGQ0001
20	120	系谱	系谱	pedigree	C	80					
21	121	选育单位	选育单位	breeding Institute	C	40					宁夏枸杞工程技术研究中心
22	122	育成年份	育成年份	releasing year	D	4					1972
23	123	选育方法	选育方法	breeding methods	C	20					群体选优
24	124	种质类型	种质类型	biological type of accession	C	12			1：野生资源 2：地方品种 3：选育品种 4：品系 5：遗传材料 6：其他	1：Wild 2：Traditional cultivar/Landrace 3：Advanced/improved cultivar 4：Breeder's line 5：Genetic stocks 6：other	选育品种
25	125	图像	图像	image file name	C	30					GG0001.jpg
26	126	观测地点	观测地点	observed site	C	16					银川
27	201	株型	株型	plant type	C	12			1：直立 2：半直立 3：丛生 4：匍匐	1：Upright 2：Half upright 3：Cluster 4：Decumbent	直立

（续）

序号	代号	描述符	字段名	英文字段名	字段类型	字段长度	字段小数位	单位	代码	代码英文名	例子
28	202	株高	株高	plant height	N	8	1	cm			180cm
29	203	生长势	生长势	tree vigor	O	4			1:弱 2:中 3:强	1:Weak 2:Intermediate 3:Strong	强
30	204	株幅	株幅	plant breadth	N	12	1	cm			145cm
31	205	冠层高	冠层高	crownheight	N	12	1	cm			
32	206	主干色	主干色	trunk color	C	4			1:灰褐 2:棕褐 3:褐	1:Dust color 2:Dark brown 3:Brown	灰褐
33	207	主干粗	主干粗	trunk roughness	N	6	3	cm			6.234 cm
34	208	棘刺	棘刺	boughthorn	C	2		个/cm			4
35	209	刺色	刺色	color of thorn	C	4			1:灰白 2:黄褐 3:棕褐	1:Grey white 2:Filemot 3:Dark brown	灰白
36	210	刺长短	刺长短	length of thorn	C	6	3	cm			2.234 cm
37	211	刺硬度	刺硬度	firmness of thorn	C	4			1:软 2:较硬 3:硬	1:Soft 2:Intermediate; 3:Hard	软
38	212	一年生枝色	一年生枝色	color of one yearshoot	C	4			1:灰白 2:黄褐 3:棕褐	1:Grey white 2:Filemot 3:Dark brown	灰褐
39	213	节间长度	节间长度	length of Internode	N	6	1	cm			1.2cm

（续）

序号	代号	描述符	字段名	英文字段名	字段类型	字段长度	字段小数位	单位	代码	代码英文名	例子
40	214	新梢生长速率	新梢生长速率	shootgrowth rate	N	10	2	cm/d			1.05cm
41	215	枝条刚性	枝条刚性	wattle firmness	C	4			1：极软 2：软 3：中 4：硬 5：极硬	1：Extremely soft 2：Soft 3：Intermediate 4：Hard 5：Extremely hard	中
42	216	成枝力	成枝力	branchedability	C	4			1：极弱 2：弱 3：中等 4：强 5：极强	1：Extremely weak 2：Weak 3：Intermediate 4：Strong 5：Extremely strong	中
43	217	一年生果枝率	一年生果枝率	rate of fruit branch in one year shoot	N	4	1	%			60.8%
44	218	多年生果枝率	多年生果枝率	rate of fruit branch in perennial shoot	N	4	1	%			78.2%
45	219	叶形	叶形	leaf shape	C	20			1：条状 2：窄披针形 3：宽披针形 4：椭圆披针形 5：卵圆形	1：Banding 2：Narrow－lanceolate 3：Wide－lanceolate 4：Elliptic－lanceolate 5：Ovum	宽披针形

（续）

序号	代号	描述符	字段名	英文字段名	字段类型	字段长度	字段小数位	单位	代码	代码英文名	例子
46	220	叶着生方式	叶着生方式	phyllotaxy	C	4			1：对生 2：互生	1：Opposite 2：Alternate	对生
47	221	叶面状	叶面状	condition of leaf surface	C	4			1：正卷 2：反卷 3：平展	1：Positive winding； 2：Reverse winding 3：Explanate	反卷
48	222	叶光泽	叶光泽	luster of leaf	C	2			1：无 2：有	1：Yes 2：No	有
49	223	叶尖形状	叶尖形状	shape of leaf apices	C	4			1：急尖 2：渐尖 3：钝圆	1：Lancet 2：Aristate 3：Obtuse	急尖
50	224	叶色	叶色	color of leaf	C	4			1：黄绿 2：绿色 3：深绿	1：Yellow green 2：Green 3：Bottle green	深绿
51	225	叶长	叶长	leaf length	N	6	2	cm			3.85cm
52	226	叶宽	叶宽	leaf width	N	6	2	cm			1.13cm
53	227	叶厚	叶厚	leaft hickness	N	6	2	cm			0.01cm
54	228	叶柄长	叶柄长	petiole length	N	6	2	cm			0.62cm
55	229	茎尖叶节密度	茎尖叶节密度		C	2			个	entries	2
56	230	嫩茎尖粗	嫩茎尖粗	roughness of stem tip	N	4	1	cm			
57	231	嫩茎产量	嫩茎产量	yield of tender-stem	N	20	2	kg/hm²			

（续）

序号	代号	描述符	字段名	英文字段名	字段类型	字段长度	字段小数位	单位	代码	代码英文名	例子
58	232	花冠颜色	花冠颜色	colour of corolla	C	4			1：白色 2：堇色 3：紫色	1：White 2：Weak purple 3：Purple	紫色
59	233	花冠形状	花冠形状	type of corolla	C	6			1：筒状 2：漏斗状	1：Columnar； 2：Infundibular	筒状
60	234	花着生方式	花着生方式	flower location	C	4			1：单生 2：簇生	1：Single birth 2：Fasciation	单生
61	235	花径	花径	flower size	N	6	2	cm			1.56cm
62	236	花冠筒长	花冠筒长	length of tube	N	6	2	cm			0.58cm
63	237	果形	果形	fruit type	C	8			1：球形 2：卵圆形 3：长矩圆形	1：Sphericity 2：Orbicular 3：Long－columnar	长矩圆形
64	238	果实颜色	果实颜色	color of fruit	C	4			1：黄色 2：红色 3：黑色	1：Yellow 2：Red 3：Black	红色
65	239	果实纵径	果实纵径	fruit vertical diameter	N	6	2	cm			1.98cm
66	240	果实横径	果实横径	fruit cheekl diameter	N	6	2	cm			0.86cm
67	241	果肉厚	果肉厚	thickness of flesh	N	6	2	cm			0.11cm
68	242	果柄长	果柄长	length of fruit stalk	N	6	2	cm			2.21cm

（续）

序号	代号	描述符	字段名	英文字段名	字段类型	字段长度	字段小数位	单位	代码	代码英文名	例子
69	243	单果质量	单果质量	meanweight of fruit	N	6	0	mg			809mg
70	244	果株果实产量	果株果实产量	yield per tree	N	10	1	kg			2.6kg
71	245	果熟一致性	果熟一致性	coherence of maturation	C	6			1：不一致；2：较一致；3：一致	1：Disaccord；2：Intermediate；3：Accordant	一致
72	246	座果间距	座果间距	disdance of fruit setting	N	6	1	cm			3.2cm
73	247	第一座果距	第一座果距	first inflorescence length	N	6	1	cm			8.9cm
74	248	落花落果率	落花落果率	percentage of drop	N	10	1	%			28.5%
75	249	自交座果率	自交座果率	fruit setting ratio of self-pollination	N	10	1	%			25.7%
76	250	芽眼座果数	芽眼座果数	fruitnumber of fruit per germinating eye	N	8	0	个			3
77	251	制干难易	制干难易	ease of drying	C	4			1：易；2：较难；3：难	1：Ease；2：Intermediate；3：difficult	较难

（续）

序号	代号	描述符	字段名	英文字段名	字段类型	字段长度	字段小数位	单位	代码	代码英文名	例子
78	252	干鲜比	干鲜比	rate of fresh fruit and dried fruit	N	12					1:3.8
79	253	种子干粒重	种子干粒重	weight of thousand seeds	N	8	2	g			0.78g
80	254	种子形状	种子形状	shape of Seeds	C	4			1：肾形 2：圆 3：卵圆	1：Kidney－shaped 2：Round 3：Ovate	肾形
81	255	种皮色泽	种皮色泽	colour ofseed coat	C	4			1：黄 2：淡黄 3：褐黄	1：Yellow 2：Yellowy 3：Filemot	褐黄
82	256	单果种子数	单果种子数	quantity of seeds of one fruit	N	4		粒/果			26
83	257	种子饱秕率	种子饱秕率	rate of satiated seed and blighted seed	N	4	1	%			33
84	258	繁殖方法	繁殖方法	method of propagation	C	10			1：实生 2：扦插 3：组培	1：Seedling 2：Cuttaging 3：Tissue culture	扦插
85	259	播种期	播种期	date of insemination	D	8					20070424
86	260	定植期	定植期	date of planting	D	8					20070520

（续）

序号	代号	描述符	字段名	英文字段名	字段类型	字段长度	字段小数位	单位	代码	代码英文名	例子
87	261	萌芽期	萌芽期	date of sprout bourgeon	D	8					20070410
88	262	展叶期	展叶期	date of leaf spanding	D	8					20070414
89	263	现蕾期	现蕾期	date of bud appear	D	8					20070514
90	264	始花期	始花期	date of first blooming	D	8					20070526
91	265	盛花期	盛花期	date of full blooming	D	8					20070607
92	266	青果期	青果期	date of blue fruit	D	8					200706013
93	267	果实色变期	果实色变期	date of color change	D	8					20070619
94	268	果实始收期	果实始收期	date of first harvest	D	8					20070624
95	269	夏果成熟期	夏果成熟期	date of summer fruit maturity	D	8					20070710
96	270	秋蕾开花期	秋蕾开花期	date of bud bloom	D	8					20070816
97	271	末花期	末花期	date of ending bloom	D	8					20070828

（续）

序号	代号	描述符	字段名	英文字段名	字段类型	字段长度	字段小数位	单位	代码	代码英文名	例子
98	272	秋果成熟期	秋果成熟期	date of autumn fruit maturity	D	8					20070913
99	273	果实末收期	果实末收期	date of last harvest	D	8					20071015
100	301	嫩茎叶风味	嫩茎叶风味	flavor of Tender-stem	C	6			1：微甜 2：微苦 3：苦	1：Slightly sweet 2：Slightly bitter 3：Bitter	微苦
101	302	鲜果风味	鲜果风味	flavor of fresh fruit	C	6			1：微甜 2：甜 3：微苦	1：Slightly sweet 2：Sweet 3：Slightly bitter	甜
102	303	干果色泽	干果色泽	colour of dried fruit	C	6			1：黄色 2：鲜红 3：紫红 4：暗红 5：黑色	1：Yellow 2：Fresh red 3：Abergine 4：Black red 5：Black	紫红
103	304	总糖含量	总糖含量	total sugars content	N	6	2	g/100g			54.8g/100g
104	305	枸杞多糖含量	枸杞多糖含量	amylose content	N	6	2	g/100g			2.85g/100g
105	306	蛋白质含量	蛋白质含量	protein content	N	6	2	g/100g			10.55g/100g

（续）

序号	代号	描述符	字段名	英文字段名	字段类型	字段长度	字段小数位	单位	代码	代码英文名	例子
106	307	维生素 C 含量	维生素 C 含量	vitamin C content	N	8	1	mg/100g			37.2mg/100g
107	308	灰分含量	灰分含量	ash content	N	6	2	g/100g			17.2g/100g
108	309	果实耐贮藏性	果实耐贮藏性	tolerance to storage	C	2			1：强 2：中 3：弱	1：Strong 2：Intermediate 3：Weak	中
109	501	枸杞黑果病抗性	枸杞黑果病抗性	wolfberry diplodia boll rot	C	4			1：抗 2：中抗 3：感病	1：Resist 2：Medium 3：Susceptible	抗
110	601	用途	用途	utilization	C	4			1：药用 2：加工 3：叶用 4：兼用	1：Materia medica 2：Process 3：Vegetable 4：Dual – purpose	叶用
111	602	食用部位	食用部位	edible part	C	4			1：茎尖 2：果实 3：兼用	1：Stem tip 2：Fruit 3：Dual – purpose	果实
112	603	核型	核型	karyotype	C	40					
113	604	同工酶	同工酶	isozyme	C	50					
114	605	分子指纹图谱	分子指纹图谱	molecular fingerprint	C	50					
115	606	备注	备注	remarks	C	30					

五、枸杞种质资源数量质量控制规范

1 范围

本规范规定了枸杞种质资源的数据采集过程中的质量控制内容和方法。

本规范适用于枸杞种质资源的收集、整理和保存，数据标准和数据质量控制规范的制定，以及数据库和信息共享网络系统的建立。

2 规范性引用文件

下列文件中的条款通过本规范的引用而成为本规范的条款。凡是注日期的引用文件，其随后所有的修改单（不包括勘误的内容）或修订版均不适用于本规范，然而，鼓励根据本规范达成协议的各方研究是否可使用这些文件的最新版本。凡是不注日期的引用文件，其最新版本适用于本规范。

ISO 3166 Codes for the Representation of Names of Countries

GB/T 2659 世界各国和地区名称代码

GB/T 2260 全国县及县以上行政区划代码表

GB/T 12404 单位隶属关系代码

GB/T18672 – 2002 枸杞子

GB/T5009.5 – 2003 食品中蛋白质的测定

GB/T5009.4 – 2003 食品中灰分的测定

GB/T5009.86 – 2003 蔬菜、水果及其制品中总抗坏血酸的测定

GB/T12295 – 1990 水果、蔬菜制品可溶性固形物含量的测定 – 折射仪法

GB/T12291－1990 水果、蔬菜汁类胡萝卜全量的测定

3　数量质量控制的基本方法

3.1　形态特征和生物学特征鉴定条件

3.1.1　鉴定地点

　　鉴定地点的环境条件应该满足枸杞植株的正常生长及其性状的正常表达。

3.1.2　鉴定时间

　　根据枸杞的生长周期(原则上在成龄期(4～5 年))和物候期,结合各鉴定项目的要求,确定最佳的鉴定时间,数量性状鉴定不少于3 年。

3.1.3　鉴定株数

　　鉴定株数不应该少于 2 株。抗逆性和抗病虫性根据具体观测方法而定。

3.2　数据收集

　　形态特征和生物学特征观测试验原始数据的采集应在种质正常生长情况下获得。如遇自然灾害等因素严重影响植株正常生长,应重新进行观测试验和数据采集。

3.3　鉴定数据统计和校验

　　每份种质的形态特征、生物学特征和品质特征等观测数据依次对照品种进行校验。根据观测校验值,计算每份种质性状的平均值、变异系数和标准差,并进行方差分析,判断试验结果的稳定性和可靠性。取校验值的平均值作为该种质的性状值。

4　基本信息

4.1　全国统一编号

　　种质的惟一标识号,枸杞种质资源的全国统一编号由"V12L"加

4 位顺序号组成的 8 位字符串。例如：V12L0001 代表具体枸杞种质的编号。全国统一编号具有唯一性。

4.2　种质圃编号

枸杞种质在国家枸杞种质资源长期库中的编号，由方位英文标志码加该种质在圃中行株号组成。东：E，西：W，南：S，北：N，例如：W1-1，即为西区第 1 行第 1 株。每份种质具有唯一的种质圃编号。

4.3　种质库编号

枸杞种质在国家农作物种质资源长期库中的编号，由"V12L"加 4 位顺序号组成。

4.4　引种号

引种号是由年份加 4 位顺序号组成的 8 位字符串。例如："20050012"前 4 位表示种质从境外引进年份，后 4 位顺序号，从 0001 到 9999。每份引进种质具有唯一引种号。

4.5　采集号

枸杞种质在野外采集时赋予的编号，一般由年份加 2 位省份代码加 4 位顺序号组成的 10 位字符串。

4.6　种质名称

国内种质的原始名称和国外引进种质的中文译名，如果有多个名称，可以放在英文括号内，用英文逗号分隔，如"种质名称 1（种质名称 2，种质名称 3）"；国外引进种质如果没有中文译名，可以直接填写种质的外文名。

4.7　种质外文名

国外引进种质的外文名或国内种质的汉语拼音名。每个汉字的汉语拼音之间空一格，每个汉字的汉语拼音的首字母大写，如"Bai hua"。国外引进种质的外文名应注意大小写和空格。

4.8　科名

科名由拉丁文加英文括号内的中文名组成。如"Solanaceae（茄科）"。如果没有中文名，直接写拉丁名。

4.9　属名

属名由拉丁文加英文括号内的中文名组成。如"*Lycium* L.（枸杞属）"。

4.10　学名

学名由拉丁文加英文括号内的中文名组成有：如"*L. chinense* Mill.（中国枸杞）"等。

4.11　原产国

枸杞种质原产国家名称、地区名称或国际组织名称。国家和地区名称参照 ISO3166 和 GB/T2659，如该国家已不存在，应在原国家名称前加"原"，如"原苏联"。国际组织名称用该组织的外文名缩写，如"IPGRI"。

4.12　原产省

国内枸杞种质原产省份名称，省份名称参照 GB/T2260，国外引进种质原产国家用原产国家一级行政区的名称。

4.13　原产地

国内枸杞种质的原产县、乡、村名称，县名参照 GB/T2260。

4.14　海拔

枸杞种质原产地的海拔高度，单位为 m。

4.15　经度

枸杞种质原产地的经度，单位为度和分。格式为 DDDFF，其中 DDD 为度，FF 为分，东经为正值，西经为负值，例如"12168"代表东经 121°68′，"–11228"代表西经 112°28′。

4.16　纬度

枸杞种质原产地的纬度，单位为度和分。格式为 DDFF，其中

DD 为度，FF 为分，北纬为正值，南纬为负值，例如"2018"代表北纬 20°18′，"－2528"代表南纬 25°28′。

4.17　来源地

国外引进枸杞种质的来源国家、地区名称或国际组织名称同 4.11；国内种质的来源省、县名称参考 GB/T2260。

4.18　保存单位

枸杞种质资源的保存单位名称，单位名称应写全称。例如"宁夏枸杞工程技术研究中心"。

4.19　保存单位编号

枸杞种质在保存单位赋予的种质编号，保存单位编号在同一保存单位应具有唯一性。

4.20　系谱

枸杞选育品种（系）的亲缘关系，格式为：（C/D）A/B（E/F）。其中：A 为母本，B 父本；C 为 A 母本，D 为 A 父本，E 为 B 母本，F 为 B 父本，依次类推。

4.21　选育单位

选育枸杞品种（系）的单位名称或个人，单位名称应写全称。例如"宁夏枸杞工程技术研究中心"。

4.22　育成年份

枸杞品种（系）培育成功的年份。例如"1972""2002"等。

4.23　选育方法

枸杞品种（系）的育种方法。例如"系选""杂交""诱变"等。

4.24　种质类型

枸杞种质类型。

①　野生资源

②　地方品种

③　选育品种

　　④ 品系

　　⑤ 遗传材料

　　⑥ 其他

4.25　图像

　　枸杞种质的图像文件名。图像格式为 . jpg。图像文件名由同一编号加"－"加序列加 . jpg 组成；如果有两个图像文件，图像文件用英文分号分隔，如"V12L0028 - 1；V12L0028 - 2"。图像对象主要包括植株、花、果实、特异性状。图片要清晰，对象要突出。

4.26　观测地点

　　枸杞种质形态特征和生物学特性观测地点的名称，记录到省和县名，如"宁夏回族自治区中宁县"。

5　形态特征和生物学特性

5.1　株型

　　在枸杞休眠期，以试验小区的植株为观察对象，采用目测的方法，观察树体主干和主枝的生长方向表现出的姿态及分枝程度，依据主干与主枝的夹角，必要时可采用精度为 0.5 的量角器测量，计算平均值，精确到整数位。

　　① 直立　　（主干与主枝的夹角 <45°）

　　② 半直立（45°≤主干与主枝的夹角 <70°）

　　③ 丛生（70°≤主干与主枝的夹角，主枝丛状分布）

　　④ 匍匐形（没有明显主枝，枝条匍匐生长）

5.2　株高

　　在枸杞成龄期（4～5 年），植株在自然状态下，随机选取 3 棵，测量树体的最高点至地面的垂直距离。单位 cm。精确到 0.1cm。

5.3　生长势

　　在枸杞成龄期（4～5 年），植株在自然状态下，随机选取 3 棵，采用目测的方法，观察树体的高度，树干的粗度、颜色及其枝条的长度和粗度颜色，结合参照品种，综合判断其生长质量。

　　① 弱

　　② 中

　　③ 强

5.4　株幅

　　在枸杞成龄期(4~5年)，植株在自然状态下，随机选取3棵，测量树冠叶幕垂直投影的最大直径。求平均值。单位 cm，精确到0.1cm。

5.5　冠层高

　　在果用枸杞成龄期(4~5年)，植株在自然状态下，随机选取3棵，测量树冠下层与上层的最大垂直距离。求平均值。单位 cm，精确到0.1cm。

5.6　主干色

　　在枸杞成龄期(4~5年)，植株在自然状态下，随机选取3棵作为观测对象，在正常一致的光照条件下，采用目测法观察植株主干的颜色。

　　根据观测结果，并与 The Royal Horticultural Society's Colour Chart 标准色卡上相应代码的颜色进行比较，按照最大相似原则确定种质的颜色。

　　① 灰褐　　（FAN4 197A）

　　② 棕褐　　（FAN4 199C）

　　③ 褐　　　（FAN4 N200C）

5.7　主干粗

　　在枸杞成龄期(4~5年)，植株在自然状态下，随机选取3棵作为观测对象，于每年秋季，用游标卡尺测定枸杞植株灌丛中最粗主干的直径，单位 cm，精确到0.01cm。

5. 8 棘刺

在枸杞成龄期(4~5 年)，植株在自然状态下，随机选取 3 棵作为观测对象，观测着生在二年生枝上的单位长度上的棘刺数量，求平均值，单位为个/ cm。

5. 9 刺色

在枸杞成龄期(4~5 年)，植株在自然状态下，随机选取 3 棵作为观测对象，在正常一致的光照条件下，采用目测法观察着生在二年生枝上的棘刺的颜色。

根据观测结果，并与 The Royal Horticultural Society's Colour Chart 标准色卡上相应代码的颜色进行比较，按照最大相似原则确定种质的颜色。

① 灰白 （FAN4 196D）

② 黄褐 （FAN4 197C）

③ 棕褐 （FAN4 199C）

5. 10 刺长短

选取 3 棵枸杞植株，测量二年生枝上着生的最长棘刺的长度，求平均值，单位 cm。精确到 0. 1cm。

5. 11 刺硬度

在休眠期，随机选取 3 棵，采用观察和手感相结合的方法，观察二年生枝上着生的棘刺的软硬程度。

① 软

② 较硬

③ 硬

5. 12 一年生枝色

在枸杞成龄期(4~5 年)，植株在自然状态下，随机选取树冠外围着生的 15 个一年生枝条作为观测对象，在正常一致的光照条件下，采用目测法观察颜色。

根据观测结果，并与 The Royal Horticultural Society's Colour Chart 标准色卡上相应代码的颜色进行比较，按照最大相似原则确定种质的颜色。

① 灰白　（FAN4　196D）

② 黄褐　（FAN4　197C）

③ 棕褐　（FAN4　199C）

5.13　节间长度

在开花盛期，随机选取 15 个树冠外围着生的一年生结果枝作为观测对象，测量每个果枝中部 10 个节间的长度，求每节平均值。单位 cm，精确到 0.1cm。

5.14　新梢生长速率

于新梢(春梢和秋梢)萌发期(分别在 4 月和 8 月)，随机选取 15 个新萌发出的长约 5cm 左右的新梢作为观测对象并挂牌标记，每隔 3d 测量新梢长度，到新梢停止生长(封顶)为止，计算每天生长的平均长度。单位 cm/d，精确到 0.01cm。

5.15　枝条刚性

根据枝条着生在树冠层的不同部位，其枝条软硬程度受在同等拉力下的弯曲度程度亦不同。每份种质选取生长发育基本相同的一年生结果枝 15 条，测定步骤：（1）选取基部粗度为 0.4cm ± 0.05cm，且距基部 40cm 处粗度为 0.2cm ± 0.03cm 的枝条；（2）将枝条剪为长 40cm 的枝条段，同时，剪掉枝条上的小条、针刺以及叶子和果实，在距枝条基部 20cm、25cm 和 30cm 处标记；（3）将枝条固定于 1.0m 的高处，固定端长 5cm，使其与地面平行，分别记录枝条上 20cm、25cm 和 30cm 标记处与地面的距离（L1）；（4）分别在 3 个标记位置挂 20g 的砝码，记录 3 个标记位置挂砝码后与地面的距离（L2）；（5）计算枝条相应的 L1 与 L2 的差值，即 △L = L1 − L2，计算平均值。

评价标准

① 极软　　　　< 0.6

② 软　　　　　0.6 ~ 1.4

③ 中　　　　　1.4 ~ 2.2

④ 硬　　　　　2.2 ~ 3.0

⑤ 极硬　　　　≥3.0

5.16　成枝力

分别于冬季和夏季对枸杞植株二年生枝条进行短截,在次年的夏季和秋季果实成熟采收后,统计剪口下的新发的枝条(枝条长度大于15cm)数,计算平均值。

评价标准(个)

① 极弱　　　　< 3

② 弱　　　　　3 ~ 4

③ 中　　　　　4 ~ 5

④ 强　　　　　5 ~ 6

⑤ 极强　　　　≥6

5.17　一年生果枝率

在枸杞成龄期(4 ~ 5 年),植株在自然状态下,随机选取 3 株,计算一年生果枝占总果枝的百分率,以%表示。精确到0.1%。

5.18　多年生果枝率

在枸杞成龄期(4 ~ 5 年),植株在自然状态下,随机选取 3 株,计算一年生以上果枝占总果枝的百分率,以%表示。精确到0.1%。

5.19　叶形

在果实成熟期,选取 3 株枸杞植株作为观察对象,采用目测的方法观察植株中部完整且生长正常的最大叶片表现出的形态和特征,参照叶型模式图确定相应种质的叶形。

① 条状

② 窄披针形

③ 宽披针形

④ 椭圆披针形

⑤ 卵圆形

5.20 叶着生方式

在果实成熟期，选取 3 株枸杞植株作为观察对象，采用目测的方法观察植株中部完整且生长正常的叶片在枸杞枝条上的排列方式。

① 对生

② 互生

5.21 叶面状

在果实成熟期，选取 3 株枸杞植株作为观察对象，采用目测的方法观察植株中部完整且生长正常的最大叶片观察叶片表面反卷方向和程度。

① 正卷

② 反卷

③ 平展

5.22 叶光泽

在果实成熟期，选取 3 株枸杞植株作为观察对象，采用目测的方法观察植株中部完整且生长正常的叶片观察叶片表面的光泽程度。

① 无

② 有

5.23 叶尖形状

在果实成熟期，选取树冠外围一年生结果枝中部完整且生长正常的叶片 50 个，与叶尖模式图进行比较观察叶片尖端的形状。

① 急尖

② 渐尖

③ 钝圆

5.24 叶色

在果实成熟期，选取树冠外围一年生结果枝中部完整且生长正常的叶片 50 个，在正常一致的光照条件下，采用目测法观察叶片正面的颜色。

根据观测结果，并与 The Royal Horticultural Society's Colour Chart 标准色卡上相应代码的颜色进行比较，按照最大相似原则确定种质的颜色。

① 黄绿（FAN3　143B）
② 绿色（FAN3　141C）
③ 深绿（FAN3　136C）

5.25 叶长

在果实成熟期，选取树冠外围一年生结果枝中部完整且生长正常的最大叶片 50 个，参照叶长测量示意图，测量叶片从叶基至叶尖的最大直线距离，求平均值。单位 cm，精确度 0.01cm。

5.26 叶宽

在果实成熟期，选取树冠外围一年生结果枝中部完整且生长正常的最大叶片 50 个，参照叶宽测量示意图，测量叶片宽度的最大直线距离，求平均值。单位 cm，精确度 0.01cm。

5.27 叶厚

在果实成熟期，选取树冠外围一年生结果枝中部完整且生长正常的最大叶片 50 个，用游标卡尺测定叶片中间厚度，求平均值。单位 cm，精确到 0.01cm。

5.28 叶柄长

在果实成熟期，选取树冠外围一年生结果枝中部完整且生长正常的最大叶片 50 个，参照叶柄长测量示意图，测量叶柄长度，求平均值。单位 cm，精确度 0.01cm。

5.29 茎尖叶节密度

随机选取树冠外围一年生结果枝端部完整且生长正常的嫩茎50个，测量植株嫩茎端部5cm长度内的叶节数量，求平均值。单位个。

5.30 嫩茎尖粗

随机选取树冠外围一年生结果枝端部完整且生长正常的嫩茎50个，测量距离植株嫩茎端部5cm处的嫩茎尖的最大直径，求平均值。单位为cm。精确到0.1cm。

5.31 嫩茎产量

在叶用枸杞采摘时，计算单位面积上嫩茎叶的重量，单位为kg/hm²。精确到0.01kg/hm²。

5.32 花冠颜色

于盛花期，在正常一致的光照条件下，采用目测法观察花冠绽开时呈现出的颜色。

根据观测结果，并与 The Royal Horticultural Society's Colour Chart 标准色卡上相应代码的颜色进行比较，按照最大相似原则确定种质的颜色。

    ① 白色　　（FAN4　155C）

    ② 堇色　　（FAN2　N82B）

    ③ 紫色　　（FAN2　N81B）

5.33 花冠形状

在开花盛期花药刚刚开裂，取树冠外围一年生结果枝中部花，采用观察花冠形状与花冠模式图比较的方法。

    ① 筒状

    ② 漏斗状

5.34 花着生方式

现蕾开花期，采用目测的方法观察树冠外围一年生结果枝中部花朵在枝条上的排列方式，确定相应种质的花着生方式。

① 单生

② 簇生

5.35 花径

在开花盛期花药刚刚开裂，取树冠外围一年生结果枝中部花 50 个，参照花径测量模式图，用游标卡尺测定花朵最大直径，求平均值。单位为 cm，精确到 0.01cm。

5.36 花冠筒长

在开花盛期花药刚刚开裂，取树冠外围一年生结果枝中部花 50 个，参照花冠筒长测量模式图，用游标卡尺测定花冠筒长度，求平均值。参照对比品种。单位为 cm，精确到 0.01cm。

5.37 果形

在枸杞成龄期(4~5 年)，在自然状态下枸杞进入果实成熟期，选取完全成熟果实(果实完全成熟，呈现出该品种应有的底色，有色品种着色面积应占到着色面积的 3/4 以上。)，采用目测与果形模式图相结合的方法，确定果形。

① 球形

② 卵形

③ 长矩圆形

5.38 果实颜色

在枸杞成龄期(4~5 年)，在自然状态下枸杞进入果实成熟期，选取完全成熟果实，在正常一致的光照条件下，采用目测法观察果实成熟时呈现出的颜色。

根据观测结果，并与 The Royal Horticultural Society's Colour Chart 标准色卡上相应代码的颜色进行比较，按照最大相似原则确定种质的颜色。

① 黄色(FAN1 25B)

② 红色(FAN1 40A)

③ 黑色(FAN4　N187A)

5.39　果实纵径

在枸杞成龄期(4~5年)，在自然状态下枸杞进入果实成熟期，选取完全成熟果实50粒，参照果实纵径测量模式图，用游标卡尺测量果实基部到顶部的最大直线距离，求平均值。单位为cm，精确0.01cm。

5.40　果实横径

在枸杞成龄期(4~5年)，在自然状态下枸杞进入果实成熟期，选取完全成熟果实50粒，参照果实横径测量模式图，用游标卡尺测量果实宽度的最大直线距离，求平均值。单位为cm，精确0.01cm。

5.41　果肉厚

在枸杞成龄期(4~5年)，在自然状态下枸杞进入果实成熟期，选取完全成熟果实50粒，用游标卡尺测量果实横径，同时测量种子腔横径，用下列公式计算，单位为cm，精确0.01cm。

果肉厚 = (果实横径 - 种子腔横径)/2

5.42　果柄长

在枸杞成龄期(4~5年)，在自然状态下枸杞进入果实成熟期，选取完全成熟果实50粒，参照果柄长测量模式图，用游标卡尺测量，求平均值。单位为cm，精确0.01cm。

5.43　单果质量

在枸杞成龄期(4~5年)，在自然状态下，随机选取15个结果枝条作为观测对象，于盛花期(夏季和秋季)挂牌标记，成熟后统一采摘，用四分法从中选取50粒完全成熟的果实进行测量。计算平均值。单位为mg，精确0.1mg。

5.44　单株果实产量

在枸杞成龄期(4~5年)，在自然状态下选取3株树作为观测对象，枸杞进入果实成熟期，计算全年内单株成熟果实的总产量。单位为 kg，精确 0.1kg。

5.45　果熟一致性

在枸杞成龄期(4～5 年)，在自然状态下，随机选取 15 个结果枝条作为观测对象，于盛花期(夏季和秋季)挂牌标记，成熟后统一采摘，采用四分法选取 50 粒果实，采用整果目测、口感，观察枸杞果实从青果膨大到青果转红的一致性。

　　① 不一致

　　② 较一致

　　③ 一致

5.46　座果间距

在开花盛期花药刚刚开裂，选取 30 个树冠外围一年生结果枝条作为观测对象，测量每果枝中部 10 个座果节间的长度，计算每节平均值。单位为 cm，精确 0.1cm。

5.47　第一座果距

在开花盛期花药刚刚开裂，选取 30 个树冠外围一年生结果枝条作为观测对象，测量每果枝第一座果节间的长度，计算平均值。单位为 cm，精确 0.1cm。

5.48　落花落果率

在枸杞成龄期(4～5 年)，在自然状态下，选取树冠外围一年生结果枝 15 枝，于始花期开始记录花数，每隔 3d 记录坐果数，每次采摘果后立即重新统计，直到最后一批果实成熟为止，并利用公式：

$$落果率(\%) = \frac{\sum\limits_{i=1}^{n}\left[x_{i-1}-(x_i-d_i)\right]/x_{i-1}}{x_{i-1}} \times 100$$

x 为测量值，d 为每次新增加花蕾数，n 为测定次数(从 2、3…n)。

计算落花落果率，求平均值，参照对比品种。单位为%，精确到 0.1%。

5.49　自交座果率

在枸杞成龄期(4~5年)，在自然状态下，随机选取15个结果枝条作为观测对象，于花蕾期进行自花授粉套袋，测量经过自然落果后的结果数，计算果实数/花蕾数的百分比，计算平均值。单位为%，精确到0.1%。

5.50　芽眼座果数

在枸杞成龄期(4~5年)，在自然状态下，随机选取5个结果枝条作为观测对象，在结果盛期测量每个芽眼上的座果数，计算平均值。单位个。

5.51　制干难易

在枸杞成龄期(4~5年)，在自然状态下，随机选取30个结果枝条作为观测对象，于盛花期(夏季和秋季)挂牌标记，成熟后统一采摘，采用热风烘干法，在40-45℃温度下鲜果枸杞含水量降低到13%时所需要的制干时间，确定枸杞种质的制干难易。

　　① 易

　　② 较难

　　③ 难

5.52　干鲜比

于果实成熟期，随机选取1Kg枸杞鲜果，采用热风烘干法，在40~45℃温度下鲜果枸杞含水量降低到13%时，计算制干后干果与鲜果质量的比值。

5.53　种子千粒重

在果实成熟期，随机采集50粒充分成熟的果实，破碎，取出种子，计算1000粒含水率在8%的枸杞种子的质量数，单位为g，精确到0.01g

5.54　种子形状

在果实成熟期，每棵树每批随机采集30粒充分成熟的果实，破碎，取出种子，凉干，采用目测法观察种子形状。

　　① 肾形

　　② 圆

　　③ 卵圆

5. 55　种皮色泽

　　在果实成熟期，每棵树每批随机采集 30 粒充分成熟的果实，破碎取出种子，凉干，在正常一致的光照条件下，采用目测法观察成熟种子表皮呈现出的颜色。

　　根据观测结果，并与 The Royal Horticultural Society's Colour Chart 标准色卡上相应代码的颜色进行比较，按照最大相似原则确定种质的颜色。

　　① 黄　　（FAN1　14C）

　　② 淡黄　（FAN4　162A）

　　③ 褐黄　（FAN4　165C）

5. 56　单果种子数

　　在果实成熟期，每棵树每批随机采集 30 粒充分成熟的果实，破碎，取出种子，采用漂洗和目测相结合的方法，计算每个果实中的种子数量，用粒/果表示。

5. 57　种子饱秕率

　　在果实成熟期，每棵树每批随机采集 30 粒充分成熟的果实，破碎，取出种子，采用浮悬法，经过漂洗 2 小时后，结合目测法，计算饱种子/种子总数的百分数，求平均值，参照对比品种。用 % 表示，精确到 0.1%。

5. 58　繁殖方法

　　繁殖枸杞植株的方法。

　　① 实生

　　② 扦插

③ 组培

5.59 播种期

种子播种的日期。表示方法"年月日"，格式"YYYYMMDD"。如"2007 0412"，表示该份种质在 2007 年 4 月 12 日播种。

5.60 定植期

育苗移栽时，定植幼苗的日期。直播时，在备注栏内记载"直播"。表示方法同 5.59。

5.61 萌芽期

枸杞植株全树有 20% 枝条芽鳞片展开，吐出绿色嫩芽的时间，表示方法同 5.59。

5.62 展叶期

枸杞植株全树有 20% 幼芽的芽孢有 5 个幼叶分离的时间，表示方法同 5.59。

5.63 现蕾期

枸杞植株全树有 20% 的出现夏蕾时间，表示方法同 5.59。

5.64 始花期

枸杞植株全树有 5% 花蕾开花的时间，表示方法同 5.59。

5.65 盛花期

枸杞植株全树有 50% 以上花蕾开花的时间，表示方法同 5.59。

5.66 青果期

枸杞植株全树有 50% 以上子房膨大呈绿色幼果的时间，表示方法同 5.59。

5.67 果实色变期

枸杞植株全树有 50% 以上的青果由绿变黄(如黄果)、由绿变红(如宁夏枸杞)、由绿变紫(如黑果)的时间，表示方法同 5.59。

5.68 果实始收期

枸杞植株全树有 5% 以上夏果完全成熟的时间，表示方法同 5.59。

5.69　夏果成熟期

枸杞植株全树有 50% 以上夏果完全成熟的时间，表示方法同 5.59。

5.70　秋蕾开花期

枸杞植株全树有 20% 以上的出现秋蕾的时间，表示方法同 5.59。

5.71　末花期

枸杞植株全树有 80% 以上花蕾凋谢的时间，表示方法同 5.59。

5.72　秋果成熟期

枸杞植株全树有 50% 以上的秋果成熟的时间，表示方法同 5.59。

5.73　果实末收期

枸杞植株全树有 90% 以上的秋果采收结束的时间，表示方法同 5.59。

6　品质特性

6.1　嫩茎风味

叶用枸杞采摘时，选择 15 名味觉正常的人品尝，每人随机取样 50g 枸杞植株 5~10cm 的嫩茎，确定食用时口感的酸甜味道。

　　① 微甜

　　② 微苦

　　③ 苦

6.2　鲜果风味

果用枸杞采摘时，选择 15 名味觉正常的人品尝，每人随机选取 10~20 粒枸杞鲜果，确定食用时口感的酸甜味道。

　　① 微苦

② 微甜

③ 甜

6.3 干果色泽

选择经过热风烘干的含水率13%以下的枸杞干果，在正常一致的光照条件下，采用目测法观察枸杞干果呈现出的颜色。

根据观测结果，并与 The Royal Horticultural Society's Colour Chart 标准色卡上相应代码的颜色进行比较，按照最大相似原则确定干果颜色。

① 黄色(FAN1　24A)

② 鲜红(FAN1　40B)

③ 紫红(FAN1　45C)

④ 暗红(FAN1　53B)

⑤ 黑色(FAN4　N186C)

6.4 总糖含量

在果实和嫩茎叶制干后，随机称取 200g，参考 GB/T18672 - 2002，计算样品所含总糖的多少，单位 g/100g，精确到 0.01g/100g。

6.5 枸杞多糖含量

在果实和嫩茎叶制干后，随机称取 200g，参考 GB/T18672 - 2002，计算样品所含多糖的多少，单位 g/100g，精确到 0.01g/100g。

6.6 蛋白质含量

在果实和嫩茎叶制干后，随机称取 200g，参考 GB/T5009.5 - 2003，计算样品所含蛋白质的多少，单位 g/100g，精确到 0.01g/100g。

6.7 维生素 C 含量

在果实和嫩茎叶制干后，随机称取 200g，参考 GB/T5009.86 - 2003，计算样品所含维生素 C 含量的多少，单位 mg/100g，精确到 0.01mg/100g。

6.8 灰分含量

在果实和嫩茎叶制干后，随机称取 200g，参考 GB/T5009.4 - 2003，计算样品所含灰分的多少，单位 g/100g，精确到 0.01g/100g。

6.9 果实耐贮藏性

于枸杞果实采后，计算鲜果在常温贮藏条件下保存时间，参照对比品种。

    ① 强

    ② 中

    ③ 弱

7 抗病虫抗性

7.1 枸杞黑果病抗性（参考方法）

枸杞黑果病又称枸杞炭疽病，是由刺盘孢属胶孢炭疽病原(*C. gloeosporioides penz*)引起的枸杞病害，主要危害青果、红果。

枸杞对黑果病的抗性鉴定采用采集枸杞红果进行人工接种鉴定法。

鉴定材料准备：

设"宁杞 1 号"为抗病对照品种，"中国枸杞"为感病对照品种，枸杞炭疽病菌种从枸杞园中采回病果分离后在 PDA 培养基培养得到。将培养 6d 后菌落用 10mL 无菌水洗下，配制成孢子悬浮液(低倍镜下每视野 20 ~ 30 个孢子)。采集参试品种的新鲜红果各 60 个样，在孢子悬浮液中浸 5min 后置于 8cm 培养皿中，在 25℃温度条件下，置人工气候箱保湿培养，每处理 3 皿，重复 4 次，设对照。

病情调查与分级标准：

分别在培养 6h、24h 、48h 、72h 测量处理和对照的病斑大小，并计算病情指数和进行抗性归类；病情分级标准如下：

病级　　　　　　　病情

0 级：　　　无针状凹隔病斑。

1 级：　　　凹隔病斑 0.5cm 以下，或针状凹隔病斑少于 3 个。

2 级：　　　凹隔病斑 1mm，或 0.5cm 凹隔病斑少于 3 个。

3 级：　　　凹隔病斑 2cm，或 1cm 凹隔病斑少于 3 个。

4 级：　　　凹隔病斑 4cm，或 2cm 凹隔病斑少于 3 个。

5 级：　　　凹隔病斑大于 5cm，整果变黑。

病情指数计算公式为：

$$Di = \frac{\sum(si \cdot ni)}{5N}$$

式中：Di——病情指数

　　　Si——发病级别

　　　ni——相应病级级别的株数

　　　i——病情分级的各个级别

　　　N——调查总株数

种质群体对枸杞黑果病的抗性依据枸杞红果病情指数分为 3 级。

1：抗（R）（0 ＜病情指数≤25）

2：中抗（MR）（25 ＜病情指数≤50）

3：感病（S）（50 ＜病情指数）

必要时，计算相对病指，用以比较不同批次试验材料的抗病性。

注意事项：

筛选致病力较高的、具有区域代表性的病原菌株；严格控制接种菌液的浓度和试验条件的一致性；培养皿经高压蒸汽灭菌；设置合适的抗病和感病对照品种。

8　其它特征特性

8.1　用途

通过民间调查、市场调查和文献查阅相结合，了解相应种质的利用方法和食用方式，枸杞可以分为 4 类。

　① 药用

　② 加工

　③ 菜用

　④ 兼用

8.2　食用部位

枸杞种质食用部分分为 3 类。

　① 茎尖

　② 果实

　③ 兼用

8.3　核型

采用细胞学遗传学对染色体的数目、大小、形态和结构进行鉴定。以核型公式表示，例如 $2n = 24$。

8.4　同工酶

枸杞种质同工酶图谱及其特征参数。

8.5　分子指纹图谱

对进行过指纹图谱分析和重要性状分子标记的枸杞种质，记录分子标记的方法，并在备注栏内注明所用引物、特征带的分子大小或序列以及所标记的性状和连锁距离。

8.6　备注

枸杞种质特殊描述符或特殊代码的具体说明。

六、枸杞种质资源数据采集表

1. 基本信息

全国统一编号(1)		种质圃编号(2)	
种质库编号(3)		引种号(4)	
采集号(5)		种质名称(6)	
种质外文名(7)		科名(8)	
属名(9)		学名(10)	
原产国(11)		原产省(12)	
原产地(13)		海拔(14)	
经度(15)		纬度(16)	
来源地(17)		保存单位(18)	
保存单位编号(19)		系谱(20)	
选育单位(21)		育成年份(22)	
选育方法(23)			
种质类型(24)	1：野生资源　2：地方品种　3：选育品种　4：品系 5：遗传材料　6：其他		
图像(25)		观测地点(26)	

2. 形态特征和生物学特性

株型(27)	1：直立　2：半直立　3：丛生　4：匍匐		
株高(28)	cm	生长势(29)	1：弱 2：中 3：强
株幅(30)	cm	冠层高(31)	cm
主干色(32)	1：灰褐　2：棕褐　3：褐		
主干粗(33)	cm	棘刺(34)	个/cm
刺色(35)	1：灰白　2：黄褐　3：棕褐		
刺长短(36)	cm	刺硬度(37)	1：软 2：较硬 3：硬
一年生枝色(38)	1：灰白　2：黄褐　3：棕褐		
节间长度(39)	cm	新梢生长速率(40)	cm/d

（续）

枝条刚性(41)	1：极软　　2：软　　3：中　　4：硬　　5：极硬		
成枝力(42)	1：极弱　　2：弱　　3：中　　4：强　　5：极强		
一年生果枝率(43)	%		
多年生果枝率(44)	%		
叶形(45)	1：条状　2：窄披针形　3：宽披针形　4：椭圆披针形5：卵圆形		
叶着生方式(46)	1：对生　2：互生		
叶面状(47)	1：正卷　　　　2：反卷　　　　3：平展		
叶光泽(48)	1：无　　2：有		
叶尖形状(49)	1：急尖　　　2：渐尖　　　　3：钝圆		
叶色(50)	1：黄绿　　　2：绿色　　　　3：深绿		
叶长(51)	cm	叶宽(52)	cm
叶厚(53)	cm	叶柄长(54)	cm
茎尖叶节密度(55)	个	嫩茎尖粗(56)	cm
嫩茎产量(57)	kg/hm²	花冠颜色(58)	1：白色 2：堇色 3：紫色
花冠形状(59)	1：筒状　　　　2：漏斗状		
花着生方式(60)	1：单生　　　2：簇生		
花径(61)	cm	花冠筒长(62)	cm
果形(63)	1：球形　2：卵圆形　3：长矩圆形		
果实颜色(64)	1：黄色　2：红色　　3：黑色		
果实纵径(65)	cm	果实横径(66)	cm
果肉厚(67)	cm	果柄长(68)	cm
单果质量(69)	mg	单株果实产量(70)	kg
果熟一致性(71)	1：不一致　2：较一致　3：一致		
座果间距(72)	cm	第一座果距(73)	cm
落花落果率(74)	%	自交座果率(75)	%
芽眼座果数(76)	个	制干难易(77)	1：易 2：较难 3：难
干鲜比(78)		种子千粒重(79)	g
种子形状(80)	1：肾形　　　2：圆　　　　3：卵圆		

（续）

种皮色泽(81)	1：黄　　　2：淡黄　　3：褐黄		
单果种子数(82)	粒/果		
种子饱秕率(83)	%		
繁殖方法(84)	1：实生　　2：扦插　　3：组培		
播种期(85)		定植期(86)	
萌芽期(87)		展叶期(88)	
现蕾期(89)		始花期(90)	
盛花期(91)		青果期(92)	
果实色变期(93)		果实始收期(94)	
夏果成熟期(95)		秋蕾开花期(96)	
末花期(97)		秋果成熟期(98)	
果实末收期(99)			

3. 品质特性

嫩茎叶风味(100)	1：微甜　　2：微苦　　3：苦			
鲜果风味(101)	1：微甜　　2：甜　　3：微苦			
干果色泽(102)	1：黄色　　2：鲜红　　3：紫红色　　4：暗红　　5：黑色			
总糖含量(103)	g/100g	枸杞多糖含量(104)	g/100g	
蛋白质含量(105)	g/100g	维生素 C 含量(106)	mg/100g	
灰分含量(107)	g/100g	果实耐贮藏性(108)	1：强　2：中　3：弱	

5. 抗病虫性

枸杞黑果病抗性(109)	1：抗　　　2：中抗　　　3：感病		

6. 其他特征特性

用途(110)	1：药用　　2：加工　　3：叶用　　4：兼用		
食用部位(111)	1：茎尖　　2：果实　　3：兼用		
核型(112)		同工酶(113)	
分子指纹图谱(114)		备注(115)	

填表人：　　　　　　审核：　　　　　　　日期：

七、枸杞种质资源利用情况报告格式

1. 种质利用概况

每年提供利用的种质类型、份数、份次、用户数等。

2. 种质利用效果及效益

提供利用后育成的品种（系）、创新材料，以及其他研究利用、开发创收等产生的经济、社会和生态效益。

3. 种质利用经验和存在的问题

组织管理、资源管理、资源研究和利用等。

八、枸杞种质资源利用情况登记表

种质名称					
提供单位		提供日期		提供数量	
提供种质类型	地方品种□　育成品种□　高代品系□　国外引进品种□　野生种□ 近缘植物□　遗传材料□　突变体□　其他□				
提供种质形态	植株(苗)□　浆果□　籽粒□　根□　茎□　叶□　芽□ 花(粉)□　组织□　细胞□　DNA□　其他□				
统一编号		国家中期库编号			
省级中期库编号		保存单位编号			

提供种质的优异性状及利用价值：

利用单位		利用时间		
利用目的				

利用途径：

取得实际利用效果：

种质利用单位盖章　　　　　种质利用者签名：　　　　　年　月　日

参 考 文 献

匡可任，路安民．1978. 中国植物志（茄科）．北京：科学出版社，67（1）：8～18.

蒲富慎．1990. 果树种质资源描述符——记载项目及评价标准．北京：农业出版社．

安巍，焦恩宁，石志刚，李润怀．2005. 枸杞规范化栽培及加工技术．北京：金盾出版社．

曹有龙等主编．2006. 大果枸杞（宁杞3号）栽培技术．宁夏：宁夏人民出版社．

李润淮等主编．2000. 枸杞高产栽培技术．北京：中国盲文出版社．

李锡香，朱德蔚等主编．2006. 茄子种质资源描述规范和数据标准．北京：中国农业出版社．

景士西．1993. 关于编制我国果树种质资源评价系统若干问题的商榷．园艺学报，20（4）：353～357.

孙升．1999. 李属资源若干数量性状评价标准探讨．园艺学报，26（1）：7～12.

唐启义，冯明光．2002. 实用统计分析及其DPS数据处理系统．北京：科学出版社．

王力荣，朱更瑞，方伟超．2004. 关于修订桃种质资源描述体系的建议．果树学报，21（6）：582～585.

王力荣，朱更瑞，方伟超．2005. 桃种质资源若干植物学数量性状描述指标探讨．中国农业科学，38（4）：770～776.

IBPGR. 1984. Secretariat. peach descriptors. Rome：IBPGR.